1 はじめに

相対性理論について解説している本には、たいていの場合、時間の遅れと共に、ローレンツ収縮についての話が書かれている。そこでは、光速に近い速度で移動している宇宙船は縮んで見える、という話が書かれている。しかし、それは間違いである、ということを明らかにしようとするのが本書である。すなわち、光速に近い速度で移動している宇宙船の長さは縮まない。こういうことを書くと、相対性理論は間違っている、という類いの本かと思われそうであるが、そうではない。相対性理論に従って考えると、そういう結論になるのである。しかも、ローレンツ収縮が起こっていることも正しい。何が起こっているのか。宇宙船の長さが伸びているのである。

2 ローレンツ収縮式の求め方

まず初めに、ローレンツ収縮の式がどのようにして求められるのかを見てみよう。元になる式は、ローレンツ変換式である。ローレンツ変換式は、2つの慣性系の間の座標変換式である。空間座標は x 軸のみを考えることとし、時間座標は t の代わりに $w = ct$ を使う。2つの慣性系（S 系及び S' 系）の x 軸は同じ方向を向いており、2つの慣性系の間の相対速度を v とすると、ローレンツ変換式は次のようになる。

$$\begin{cases} x' = \dfrac{1}{\sqrt{1-(v/c)^2}}\left(x - (v/c)w\right) \\ w' = \dfrac{1}{\sqrt{1-(v/c)^2}}\left(-(v/c)x + w\right) \end{cases} \tag{1}$$

c は光の速度である。

逆変換は、次のようになる。

$$\begin{cases} x = \dfrac{1}{\sqrt{1-(v/c)^2}}\left(x' + (v/c)w'\right) \\ w = \dfrac{1}{\sqrt{1-(v/c)^2}}\left((v/c)x' + w'\right) \end{cases} \tag{2}$$

地球から見た場合の座標は (w, x)、宇宙船から見た場合は (w', x') と書くことにする。今、宇宙船の後端の位置を x_1、先端の位置を x_2 と置く。

地球から見た、任意の時刻での後端の位置は (w_1, x_1) であり、任意の時刻での先端の位置は (w_2, x_2) であるので、それぞれをローレンツ変換すると、

$$\begin{cases} x'_1 = \dfrac{1}{\sqrt{1-(v/c)^2}}\left(x_1 - (v/c)w_1\right) \\ w'_1 = \dfrac{1}{\sqrt{1-(v/c)^2}}\left(-(v/c)x_1 + w_1\right) \end{cases} \tag{3}$$

$$\begin{cases} x'_2 = \dfrac{1}{\sqrt{1-(v/c)^2}}\left(x_2 - (v/c)w_2\right) \\ w'_2 = \dfrac{1}{\sqrt{1-(v/c)^2}}\left(-(v/c)x_2 + w_2\right) \end{cases} \tag{4}$$

ここで、$x'_2 - x'_1$ を計算すると、

$$\begin{aligned} x'_2 - x'_1 &= \frac{1}{\sqrt{1-(v/c)^2}}\left(x_2 - (v/c)w_2\right) - \frac{1}{\sqrt{1-(v/c)^2}}\left(x_1 - (v/c)w_1\right) \\ &= \frac{1}{\sqrt{1-(v/c)^2}}\left\{x_2 - x_1 - (v/c)(w_2 - w_1)\right\} \end{aligned} \tag{5}$$

地球から見て宇宙船の長さを測るときは、後端と先端の時刻は同じでなければならない。すなわち、$w_2 = w_1$ でなければならないので、式 (5) は次のようになる。

$$x'_2 - x'_1 = \frac{1}{\sqrt{1-(v/c)^2}}(x_2 - x_1)$$

したがって、

$$x_2 - x_1 = (x'_2 - x'_1)\sqrt{1-(v/c)^2} \tag{6}$$

$x'_2 - x'_1$ は、宇宙船から見た宇宙船の長さなので、式 (6) は、宇宙船から見た宇宙船の長さと、地球から見た宇宙船の長さの関係を表している。$\sqrt{1-(v/c)^2}$ は 1 より小さいので、地球から見た宇宙船の長さは縮んでいると結論される。

逆に、宇宙船から地球を見ると、地球が縮んでいる。これも、同じローレンツ変換式から求められる。今度は、上記の議論を、地球の後端と先端に置き換えてみよう。すなわち、地球から見た、任意の時刻での地球の後端の位置は (w_1, x_1) で、任意の時刻での地球の先端の位置は (w_2, x_2) である、とする。式 (3)(4)(5) は全く同じである。違うのは、後端と先端の時刻が同じである、というのが、宇宙船から見た場合である、という点である。すなわち、$w'_2 = w'_1$ となる。式 (3) の w'_1 と式 (4) の w'_2 を等しいと置くと、

$$\frac{1}{\sqrt{1-(v/c)^2}}\left(-(v/c)x_2 + w_2\right) = \frac{1}{\sqrt{1-(v/c)^2}}\left(-(v/c)x_1 + w_1\right)$$
$$-(v/c)x_2 + w_2 = -(v/c)x_1 + w_1$$
$$w_2 - w_1 = (v/c)(x_2 - x_1)$$

これを式 (5) に入れると、式 (5) は次のようになる。

$$\begin{aligned} x'_2 - x'_1 &= \frac{1}{\sqrt{1-(v/c)^2}}\left\{x_2 - x_1 - (v/c)(w_2 - w_1)\right\} \\ &= \frac{1}{\sqrt{1-(v/c)^2}}\left\{x_2 - x_1 - (v/c)^2(x_2 - x_1)\right\} \\ &= \frac{1}{\sqrt{1-(v/c)^2}}\left\{1 - (v/c)^2\right\}(x_2 - x_1) \end{aligned}$$

$$= (x_2 - x_1)\sqrt{1 - (v/c)^2}$$

したがって、
$$x'_2 - x'_1 = (x_2 - x_1)\sqrt{1 - (v/c)^2} \tag{7}$$

式 (7) から分かるように、今度は、$x'_2 - x'_1$ が縮んでいることになる。つまり、宇宙船から見た地球は縮んでいるということである。

式 (6)、(7) がローレンツ収縮の式を与えるのであるが、ここで注意しなければならない点がある。式 (6)、(7) は、$x'_2 - x'_1$ と $x_2 - x_1$ の関係式を与えてはいるが、これが必ずしも長さが縮んでいることを意味しない。式 (6) で言えば、$x'_2 - x'_1$ を基準にして考えれば $x_2 - x_1$ は縮んでいることになるが、$x_2 - x_1$ を基準に考えれば、$x'_2 - x'_1$ が伸びていることになるからである。すなわち、式 (6) を変形して、

$$x'_2 - x'_1 = \frac{x_2 - x_1}{\sqrt{1 - (v/c)^2}} \tag{8}$$

とすれば、これは収縮ではなく、伸長の式となる。

収縮しているのが正しいのか、伸びているのが正しいのか、ローレンツ変換式からは決まらない。もっと別の観点からの考察が必要である。これから議論しようとしているのは、まさにその点である。そして結論を先に述べるなら、宇宙船の長さは、宇宙船それ自身から見れば伸びていると考えられる。速度 v で移動している宇宙船は、宇宙船から見ると、式 (8) で与えられる $x'_2 - x'_1$ の長さになっている。それを地球から見ると、$(x'_2 - x'_1)\sqrt{1 - (v/c)^2}$ にローレンツ収縮している。それはつまり、$x_2 - x_1$ の長さになっているということであり、地球から見れば宇宙船の長さは変わっていない。

そうだとすると、疑問に思えることがある。宇宙船の長さが伸びているとしたら、それは宇宙船が加速度運動をしているときに伸びたはずで、そのようなことが理論的に起こり得るのか、という疑問である。これについては、宇宙船が加速度運動をしているときの運動方程式を解いてみればよい。これは後で議論することにする。

3 宇宙船の長さの測定

宇宙船の運動方程式を議論する前に、宇宙船から見た宇宙船の長さを測定することを考えてみよう。その長さが宇宙船の外から測った長さとどのような関係にあるかを調べることにする。そのため、次のような測定を考えてみる。宇宙船の後端から先端に向けて光を発射する。先端には鏡があり、光は先端の鏡で反射したあと、後端に戻ってくる。宇宙船から見て、後端から光を発射してから先端で反射して戻ってきた時までの時間を測ると、その間の距離を求めることができる。光速度は一定であるから、光が出てから戻るまでの時間に光速度 c を掛ければ、それは後端から先端までの往復の距離を与える。

この測定を、宇宙船の外から見てみることにする。宇宙船の外からというのは、その宇宙船が速度 v で動いていると観測される観察者の視点である。外の観察者から見て、光が発射されるという出来事の時刻、場所を (w_1, x_1)、光が反射するという出来事の時刻、場

所を (w_2, x_2)、光が後端に戻ってきたという出来事の時刻、場所を (w_3, x_3) とする。外の観察者から見て宇宙船の長さを L とする。この L は、外の観察者から見た長さなので、動いている宇宙船の長さである。

さて、そうすると、これらの間に次の関係式が成り立つ（図1参照）。

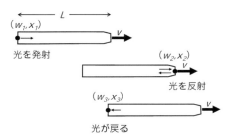

図1　光の反射を使った宇宙船の長さの測定

光が後端から発射されて先端で反射されるまでの間に光が移動した距離は $x_2 - x_1$ であり、その間の時間は $(w_2 - w_1)/c$ であるから、

$$x_2 - x_1 = w_2 - w_1 \tag{9}$$

が成り立つ。

一方、$x_2 - x_1$ は、宇宙船の長さ L に、宇宙船が移動した距離 $v \times (w_2 - w_1)/c$ を足したものなので、

$$x_2 - x_1 = L + (w_2 - w_1)v/c \tag{10}$$

式(9)、(10)から $x_2 - x_1$ を消去すると、

$$w_2 - w_1 = L + (w_2 - w_1)v/c$$

$$(1 - v/c)(w_2 - w_1) = L$$

$$w_2 - w_1 = \frac{L}{1 - v/c} \tag{11}$$

式(9)と(11)から、

$$x_2 - x_1 = \frac{L}{1 - v/c} \tag{12}$$

次に、光が反射してから戻ってくるまでの間について考えると、次の式が成り立つ。

$$x_2 - x_3 = w_3 - w_2 \tag{13}$$

$$x_2 - x_3 = L - (w_3 - w_2)v/c \tag{14}$$

式(13)と(14)から、

$$w_3 - w_2 = \frac{L}{1 + v/c} \tag{15}$$

$$x_2 - x_3 = \frac{L}{1+v/c} \tag{16}$$

(w_1, x_1)、(w_2, x_2) をローレンツ変換して宇宙船から見た座標 (w_1', x_1')、(w_2', x_2') にすると次のようになる。

$$\begin{cases} x_1' = \frac{1}{\sqrt{1-(v/c)^2}}(x_1 - (v/c)w_1) \\ w_1' = \frac{1}{\sqrt{1-(v/c)^2}}(-(v/c)x_1 + w_1) \end{cases}$$

$$\begin{cases} x_2' = \frac{1}{\sqrt{1-(v/c)^2}}(x_2 - (v/c)w_2) \\ w_2' = \frac{1}{\sqrt{1-(v/c)^2}}(-(v/c)x_2 + w_2) \end{cases}$$

(w_3, x_3) でも同様の式が成り立つ。

これらから、$x_2' - x_1'$ を求めると、次のようになる。

$$\begin{aligned} x_2' - x_1' &= \frac{1}{\sqrt{1-(v/c)^2}}(x_2 - (v/c)w_2) - \frac{1}{\sqrt{1-(v/c)^2}}(x_1 - (v/c)w_1) \\ &= \frac{1}{\sqrt{1-(v/c)^2}}\{x_2 - x_1 - v/c(w_2 - w_1)\} \\ &= \frac{1}{\sqrt{1-(v/c)^2}}\left(\frac{L}{1-v/c} - v/c\frac{L}{1-v/c}\right) \end{aligned}$$

$$x_2' - x_1' = \frac{L}{\sqrt{1-(v/c)^2}} \tag{17}$$

同様にして、

$$w_2' - w_1' = \frac{L}{\sqrt{1-(v/c)^2}} \tag{18}$$

$$x_2' - x_3' = \frac{L}{\sqrt{1-(v/c)^2}} \tag{19}$$

$$w_3' - w_2' = \frac{L}{\sqrt{1-(v/c)^2}} \tag{20}$$

式 (17) 及び式 (19) から直ちに分かるのは、後端から先端までの距離が $\frac{L}{\sqrt{1-(v/c)^2}}$ になっているということである。これは、宇宙船の長さが外の観察者から見た長さ L よりも伸びていることを表している。その距離を光が移動する時間を与えているのが式 (18)、(20) である。

宇宙船から見た宇宙船の長さが、外から見た長さより長くなっていることは、ローレンツ変換式を使わなくても、次のようにして求めることができる。

外の観察者から見て、光が後端を出てから戻ってくるまでの時間は、式 (11) と式 (15) から、

$$w_3 - w_1 = w_3 - w_2 + w_2 - w_1 = \frac{L}{1+v/c} + \frac{L}{1-v/c}$$
$$= L\left(\frac{1}{1+v/c} + \frac{1}{1-v/c}\right) = \frac{2L}{1-(v/c)^2}$$

宇宙船の中の時間 $w_3' - w_1'$ は、外の観察者の時間よりゆっくり経過するので、これに $\sqrt{1-(v/c)^2}$ を掛けた値になる。

$$w_3' - w_1' = (w_3 - w_1)\sqrt{1-(v/c)^2} = \frac{2L}{1-(v/c)^2}\sqrt{1-(v/c)^2} = \frac{2L}{\sqrt{1-(v/c)^2}}$$

この時間で光が移動した距離が、宇宙船の長さの往復の距離になるので、宇宙船から見た宇宙船の長さは $\frac{L}{\sqrt{1-(v/c)^2}}$ であることが分かる。

宇宙船から見た宇宙船の長さを L' とすると、L と L' の関係は、

$$L' = \frac{L}{\sqrt{1-(v/c)^2}} \quad \text{又は} \quad L = L'\sqrt{1-(v/c)^2}$$

である。もう1度言うが、この関係式は、どちらを基準として考えるかによって、収縮の式とも取れるし、伸長の式とも取れる。

4 トンネルの通過時間

観測者の立場が違うと見える長さが違ってくるということを、電車がトンネルを通過する時間の例で見てみよう。地上から見て電車の長さを A、トンネルの長さを B とする。A と B は、どちらが長くても構わない。ここで、電車がトンネルを通過する時間とは、電車の先頭がトンネルの入り口に差し掛かった時刻から、電車の最後尾がトンネルの出口を出た瞬間の時刻までの間の時間のことである。電車は一定の速度 v で動いているものとする。このとき、電車がトンネルを通過する時間は、次のように求められる。

電車の先頭に注目すると、電車の先頭はトンネルに入った後、トンネルの長さ分を移動するほかに、電車の長さ分だけ更に移動する必要がある。そうすると、通過するのにかかった時間を Δt とすると、

$$A + B = v\Delta t \tag{21}$$

が成り立つことになる。

さて、ここでまた例のごとく、ローレンツ変換式で計算することにしよう。地上から見て、電車の先頭がトンネルの入り口に差し掛かったという出来事の時刻と場所を (w_1, x_1)、電車の最後尾がトンネルの出口に到達したという出来事の時刻、場所を (w_2, x_2) とする(図2参照)。

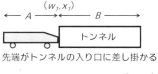

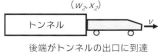

図2　トンネルの通過時間

このとき、w_1、x_1、w_2、x_2 の間に次の関係式が成り立つ。

$$x_2 - x_1 = B \tag{22}$$

$$A + B = (v/c)(w_2 - w_1) \tag{23}$$

式 (23) は、式 (21) の Δt を w_1, w_2 を使って書き換えたものである。(w_1, x_1)、(w_2, x_2) をローレンツ変換すると、次のようになる。

$$\begin{cases} x_1' = \dfrac{1}{\sqrt{1-(v/c)^2}} \left(x_1 - (v/c)w_1\right) \\ w_1' = \dfrac{1}{\sqrt{1-(v/c)^2}} \left(-(v/c)x_1 + w_1\right) \end{cases}$$

$$\begin{cases} x_2' = \dfrac{1}{\sqrt{1-(v/c)^2}} \left(x_2 - (v/c)w_2\right) \\ w_2' = \dfrac{1}{\sqrt{1-(v/c)^2}} \left(-(v/c)x_2 + w_2\right) \end{cases}$$

電車から見た場合の、トンネルを通過する時間は $w_2' - w_1'$ なので、これを計算すると、

$$w_2' - w_1' = \frac{1}{\sqrt{1-(v/c)^2}} \left(-(v/c)x_2 + w_2\right) - \frac{1}{\sqrt{1-(v/c)^2}} \left(-(v/c)x_1 + w_1\right)$$

$$= \frac{1}{\sqrt{1-(v/c)^2}} \left\{-v/c(x_2 - x_1) + w_2 - w_1\right\}$$

この式に、式 (22)、(23) を入れると、

$$w_2' - w_1' = \frac{1}{\sqrt{1-(v/c)^2}} \left\{-(v/c)B + (c/v)(A+B)\right\}$$

$$= \frac{1}{\sqrt{1-(v/c)^2}} \left\{(c/v)A + (c/v - v/c)B\right\} \tag{24}$$

これが、電車から見た場合の、トンネルを通過する時間である。この求め方の他に、式 (21) に電車から見た場合の電車の長さとトンネルの長さを直接使って求めることができ

る。電車から見た場合、電車の長さは A ではなく $\dfrac{A}{\sqrt{1-(v/c)^2}}$ に伸びている。また、電車から見ると、トンネルの長さは B ではなく $B\sqrt{1-(v/c)^2}$ に縮んでいる。これらを使うと式 (21) は、

$$\frac{A}{\sqrt{1-(v/c)^2}} + B\sqrt{1-(v/c)^2} = (v/c)(w'_2 - w'_1)$$

となるので、通過時間 $w'_2 - w'_1$ は、

$$\begin{aligned}
w'_2 - w'_1 &= (c/v)\left\{\frac{A}{\sqrt{1-(v/c)^2}} + B\sqrt{1-(v/c)^2}\right\} \\
&= \frac{1}{\sqrt{1-(v/c)^2}}(c/v)\left[A + B\{1-(v/c)^2\}\right] \\
&= \frac{1}{\sqrt{1-(v/c)^2}}\left[(c/v)A + B(c/v)\{1-(v/c)^2\}\right] \\
&= \frac{1}{\sqrt{1-(v/c)^2}}\{(c/v)A + (c/v - v/c)B\} \quad (25)
\end{aligned}$$

式 (25) は、式 (24) と全く同じになる。すなわち、電車から見れば、電車の長さは伸びているし、トンネルの長さは縮んでいるのである。

5　力学的観点からの考察

　さて、それでは、宇宙船は伸びているのか縮んでいるのか、それを考えることにしよう。まず言えることは、力学的観点から考えると、宇宙船が縮むと考えるのは無理があるということである。

　もし、宇宙船が高速で移動しているときに縮んでいるとしたら、宇宙船は加速しているときに縮んでいったことになる。宇宙船が縮むということは、宇宙船の先端と後端の運動に差ができる、ということを意味する。すなわち、後端の方が先端よりも速く動くということである。しかし、宇宙船は一様に力を受けているので、先端も後端も同じ加速度で動いているはずである。普通に考えれば、同じ運動をしている宇宙船の先端と後端の動きに差が生じることはない。つまり、地球から宇宙船を見た時に長さが縮むということは起こるはずがない。

　ところで、ローレンツ収縮とは、縮んで"見える"だけ、なのであろうか。縮んで見えるだけなら、先端と後端の動きに差は生じていないものの、何らかの理由で縮んで見えるだけ、ということも考えられる。だが、ローレンツ収縮は、そのような"見える"だけとは違う。ローレンツ収縮した長さが現実の長さであることは、次のようにウラシマ効果の例を見ればわかる。

　今、次のような状況を考える。地球から 10 光年離れた X 星に宇宙船が向かったとしよう。宇宙船の速さは光速の 90 % だとする。そうすると地球から見て宇宙船が X 星に

到着するまでの時間は、10/0.9 = 11.1 年かかる。ところが、宇宙船では時間の進み方がゆっくりとなり、$\sqrt{1-(v/c)^2} = 0.436$ 倍しか時間が流れない。すなわち、11.1 年 ×0.436 = 4.84 年しか経過しない。さて、ここでおかしなことに気づく。宇宙船は 10 光年の距離を 4.84 年で移動したのだから、光の速さより速く移動したことになり、相対性理論と矛盾してしまう。だが、これについては次のように説明される。宇宙船にとって X 星までの距離は 10 光年ではなく、$\sqrt{1-(v/c)^2}$ 倍にローレンツ収縮しており、4.36 光年しかない。その距離を光速の 90 %で移動するのであるから、宇宙船での時間は 4.36/0.9 = 4.84 年となる。これでつじつまが合う。ここで注意してほしいのは、宇宙船にとって X 星までの距離は縮んでいるのであるが、それは縮んで"見える"だけではなく、実際の距離が縮んでいるのである。ローレンツ収縮した長さは、現実の長さなのである。

ローレンツ収縮した長さが現実の長さなのであるから、運動方程式に収縮の原因となる力が現れなければならない。しかし、地球から見た宇宙船の運動方程式には、収縮をもたらすような力は存在しない。

以上のようなことを考えると、地球から見た宇宙船の長さは縮んでいない、と考えるのが妥当と思われる。

さて次に、宇宙船から見たときの宇宙船の長さが伸びることについて考えてみよう。先ほどのローレンツ収縮のときの話と全く同じように、宇宙船の長さが伸びるとしたら、宇宙船が加速度運動をしている時に、何か宇宙船を伸ばすような力が働いていなければならない。そして、そのような力は存在する。後で、運動方程式を使って説明するが、慣性系から見た宇宙船の運動方程式を加速度系へ座標変換すると、前後から引っ張るような力が発生するのである。

6 加速度運動する宇宙船の運動方程式

加速度運動する宇宙船の運動を考えよう。これから説明する内容は、『「双子のパラドクス」の定量計算　総集編』でも説明しているので、そちらも参照されたい。さて、運動方程式は次のものになる。

$$\frac{dP^\mu}{d\tau} = g^{\mu\nu}\mathcal{F}_{\nu\lambda}P^\lambda - \frac{1}{m}\Gamma^\mu_{\nu\lambda}P^\nu P^\lambda$$

ここで、P^μ は宇宙船のエネルギー運動量ベクトル、τ は固有時である。右辺の第一項は、一般座標変換でベクトル変換する力であり、$g^{\mu\nu}$ は計量テンソル、$\mathcal{F}_{\nu\lambda}$ は 2 階の反対称テンソルである。右辺の第二項は、慣性力である。m は宇宙船の質量、$\Gamma^\mu_{\nu\lambda}$ はクリストッフェルの記号であり、計量テンソル $g_{\mu\nu}$ から次の式で求められる。

$$\Gamma^\mu_{\nu\lambda} = \frac{1}{2}g^{\mu\rho}(\partial_\nu g_{\lambda\rho} + \partial_\lambda g_{\nu\rho} - \partial_\rho g_{\nu\lambda})$$

6.1 地球から見た宇宙船の運動

まず、地球から見た宇宙船の運動を調べよう。地球は慣性系とする。慣性系から見た物理量は、物理量の上にー（バー）を付けて、加速度系の量とは区別することにする。それを踏まえて再度運動方程式を書くと、

$$\frac{d\overline{P}^\mu}{d\tau} = \overline{g}^{\mu\nu}\overline{\mathcal{F}}_{\nu\lambda}\overline{P}^\lambda - \frac{1}{m}\overline{\Gamma}^\mu_{\nu\lambda}\overline{P}^\nu\overline{P}^\lambda \tag{26}$$

となる。地球から見て、宇宙船は、x 軸の正方向へ一定の加速度 $\mathfrak{g}$ で加速度運動をしているとする。そうすると $\overline{\mathcal{F}}_{\nu\lambda}$ の 0 でない成分は以下の 2 つだけである。

$$\overline{\mathcal{F}}_{01} = -\overline{\mathcal{F}}_{10} = \alpha c$$

ここで $\alpha = \frac{\mathfrak{g}}{c^2}$ である。

慣性系での計量テンソルは次のものである。

$$\overline{g}_{\mu\nu} = \begin{pmatrix} 1 & & & \\ & -1 & & \\ & & -1 & \\ & & & -1 \end{pmatrix}$$

この計量テンソルは座標に依存しないので、$\overline{\Gamma}^\mu_{\nu\lambda} = 0$ である。したがって、式 (26) で 0 でないものは、以下のものになる。

$$\frac{d\overline{P}^0}{d\tau} = \overline{g}^{00}\overline{\mathcal{F}}_{01}\overline{P}^1 = \alpha c\overline{P}^1$$

$$\frac{d\overline{P}^1}{d\tau} = \overline{g}^{11}\overline{\mathcal{F}}_{10}\overline{P}^0 = \alpha c\overline{P}^0$$

これから次の式が導かれる。

$$\frac{d^2\overline{P}^0}{d\tau^2} = (\alpha c)^2 \overline{P}^0$$

$$\frac{d^2\overline{P}^1}{d\tau^2} = (\alpha c)^2 \overline{P}^1$$

これらの解は、次のように表される。

$$\overline{P}^0 = A\cosh(\alpha c\tau + \delta)$$

$$\overline{P}^1 = A\sinh(\alpha c\tau + \delta)$$

積分定数 A は、エネルギー運動量ベクトルの内積 $\overline{g}_{\mu\nu}\overline{P}^\mu\overline{P}^\nu = (mc)^2$ から決まり、

$$A^2\cosh^2(\alpha c\tau + \delta) - A^2\sinh^2(\alpha c\tau + \delta) = (mc)^2$$

なので、$A = mc$ である。したがって、

$$\overline{P}^0 = mc\cosh(\alpha c\tau + \delta)$$

$$\overline{P}^1 = mc\sinh(\alpha c\tau + \delta)$$

初期条件として $\tau = 0$ で $v = 0$ とする。$\overline{P}^1(0) = 0$ であるから $\delta = 0$ となる。したがって、運動方程式の解は次のようになる。

$$\overline{P}^0 = mc\cosh(\alpha c\tau) \tag{27}$$

$$\overline{P}^1 = mc\sinh(\alpha c\tau) \tag{28}$$

固有時 τ と、座標系の時間 T（慣性系での座標は大文字を使うことにする）との関係を求めると、式 (27) から、

$$mc\frac{dT}{d\tau} = mc\cosh(\alpha c\tau)$$

なので、

$$T - T(0) = \int_0^\tau \cosh(\alpha c\tau)d\tau$$
$$= \frac{1}{\alpha c}\sinh(\alpha c\tau)$$

$\tau = 0$ で $T = 0$ とすると、

$$\alpha cT = \sinh(\alpha c\tau) \tag{29}$$

次に、宇宙船の位置座標 X を固有時 τ の関数として求めると、式 (28) から、

$$m\frac{dX}{d\tau} = mc\sinh(\alpha c\tau)$$

なので、

$$X - X(0) = c\int_0^\tau \sinh(\alpha c\tau)d\tau$$
$$X = \frac{1}{\alpha}\{\cosh(\alpha c\tau) - 1\} + X(0) \tag{30}$$

$X(0)$ は、$\tau = 0$ での X の値である。式 (29)(30) から τ を消去すると、X が T の関数として求まる。

$$X = \frac{1}{\alpha}\left\{\sqrt{1 + (\alpha cT)^2} - 1\right\} + X(0)$$

宇宙船の先端と後端の運動は、$X(0)$ が違うだけであり、この差は時間が経っても変わらない。すなわち、宇宙船の長さは縮まないのである。

6.2 宇宙船から見た宇宙船の運動

　宇宙船から見た宇宙船の運動を考える。とはいえ、宇宙船から見た宇宙船の運動というのも変な話である。宇宙船から見れば、宇宙船は止まっているものではないだろうか。それの運動を解くというのも意味がないように思われる。しかし実際はそうではない。ここでやろうとしていることは、式 (26) を、宇宙船と共に動く加速度系から見た式にして解こうということである。このことをもう少し詳しく説明しておこう。

　宇宙船と共に動く加速度系とは、例えば、座標原点が宇宙船の中心にあって、それを維持したまま動いている座標系のことである。宇宙船が加速度運動をしているので、座標系も同じ加速度運動をしている。座標系が加速度運動しているので、慣性力という疑似重力が働いている。このため、何の力も受けていない質点があれば、それは加速度系から見れば、無限の彼方へ自由落下していく。これに対し、疑似重力を打ち消すような力が働いている質点は、その場から動かない（加速度系からはそう見える）。宇宙船の先端は、そのようなものに思われるが、そうなっているかどうかは、運動方程式を見てみればよい。このとき、新たに運動方程式を立てる必要はない。慣性系で設定した運動方程式を座標変換すれば得られるからである。

　解くべき運動方程式は次のものである。

$$\frac{dP^\mu}{d\tau} = g^{\mu\nu}\mathcal{F}_{\nu\lambda}P^\lambda - \frac{1}{m}\Gamma^\mu_{\nu\lambda}P^\nu P^\lambda \tag{31}$$

　この式の形は、式 (26) と全く同じであるが、$g^{\mu\nu}$、$\mathcal{F}_{\nu\lambda}$、$\Gamma^\mu_{\nu\lambda}$ は、加速度系へ座標変換したものとなる。加速度系でこれらがどのように求まるかは、『「双子のパラドクス」の定量計算　総集編』に詳しく説明してあるので、そちらを参照してもらうことにして、結果だけを記載すると次のようになる。

　まず計量テンソル $g^{\mu\nu}$ は以下の通りである。

$$g_{\mu\nu} = \begin{pmatrix} (\alpha x + 1)^2 & & & \\ & -1 & & \\ & & -1 & \\ & & & -1 \end{pmatrix}$$

$$g^{\mu\nu} = \begin{pmatrix} \frac{1}{(\alpha x + 1)^2} & & & \\ & -1 & & \\ & & -1 & \\ & & & -1 \end{pmatrix}$$

$\mathcal{F}_{\nu\lambda}$ は次のようになる。

$$\mathcal{F}_{01} = \alpha c(\alpha x + 1) \tag{32}$$
$$\mathcal{F}_{10} = -\alpha c(\alpha x + 1) \tag{33}$$

$\Gamma^\mu_{\nu\lambda}$ で 0 でないものは以下のとおりである。
$$\Gamma^0_{10} = \frac{\alpha}{(\alpha x + 1)}$$
$$\Gamma^1_{00} = \alpha(\alpha x + 1)$$

式 (32)(33) は力に相当するものであるが、この力は x の関数になっている。地球から見た宇宙船の運動方程式では、力は x によらず一定であった。ところが、加速度系では場所によって力が変わることになる。これが、宇宙船を引き伸ばす原因になっている。

最終的に、運動方程式は次のようになる。
$$\frac{dP^0}{d\tau} = \frac{\alpha c}{(\alpha x + 1)}P^1 - \frac{1}{m}\frac{2\alpha}{(\alpha x + 1)}P^0 P^1$$
$$\frac{dP^1}{d\tau} = \alpha c(\alpha x + 1)P^0 - \frac{1}{m}\alpha(\alpha x + 1)(P^0)^2$$

これらを解いて P^0、P^1 を求め、そこから x を τ の関数として求めると、
$$(\alpha x + 1)^2 = 1 + \frac{b^2}{4} + b\cosh(\alpha c\tau + \delta) \tag{34}$$

b, δ は積分定数である。

初期条件として $\tau = 0$ で $x = H$、$v = 0$ とすると、式 (34) は次のようになる。
$$(\alpha x + 1)^2 = 1 + (\alpha H)^2 + 2\alpha H \cosh(\alpha c\tau) \tag{35}$$

$H = 0$ であれば、x は時間に関係なく 0 である。しかし、$H \neq 0$ ならば、x は τ の関数となり、時間とともに動いていることを表している。ここで考えている運動は、宇宙船から見た宇宙船の運動なので、x は宇宙船のどこかの点である。x が時間とともに動いているということは、宇宙船が変形をしていることを意味する。

ところで、式 (35) は τ の関数である。τ は、考えている質点の固有時であり、式 (35) で言えば、$\tau = 0$ で $x = H$ と置いた点での時間である。これは、厳密に言えば、宇宙船と共に動く加速度系の時間座標 t とは異なるが、その違いはわずかであるので、τ と t は同じとして扱う。なお、τ と t の関係は、τ の関数として解いた P^0 から求めることができる。

式 (35) をもう少し分かりやすい形に近似しよう。そのために、α、H、τ の大きさの程度を見てみよう。今、次のような宇宙船の運動を想定する。

宇宙船の加速度 $\mathfrak{g}$ を地上の重力加速度と同じ $9.8 m/s^2$ とし、この加速度で地球時間で 1 年間、加速度運動をするものとする。地球の時間 T と宇宙船内の時間 t の関係は、$\alpha cT = \sinh(\alpha ct)$ となるので、地球で 1 年間経過する間に、宇宙船内では 0.88 年経っている。この時、地球から見た宇宙船の速度は、光速の 72 % になる。また、H として、宇宙船の先端の位置を取ることにし、ここでは $H = 100m$ とする。この条件で α、αH、αct、$\cosh(\alpha ct)$ の値は、
$$\alpha = 1.1 \times 10^{-16} (m^{-1})$$

$$\alpha H = 1.1 \times 10^{-14}$$
$$\alpha ct = 0.903 \fallingdotseq \alpha c\tau$$
$$\cosh(\alpha ct) = 1.436 \fallingdotseq \cosh(\alpha c\tau)$$

である。さて、式 (35) を変形すると、
$$(\alpha x + 1)^2 = 1 + (\alpha H)^2 + 2\alpha H \cosh(\alpha c\tau)$$
$$= 1 + (\alpha H)^2 + 2\alpha H - 2\alpha H + 2\alpha H \cosh(\alpha c\tau)$$
$$= \{1 + (\alpha H)^2 + 2\alpha H\} + 2\alpha H \{\cosh(\alpha c\tau) - 1\}$$
$$= (\alpha H + 1)^2 + 2\alpha H \{\cosh(\alpha c\tau) - 1\}$$
$$= (\alpha H + 1)^2 \left[1 + \frac{2\alpha H}{(\alpha H + 1)^2} \{\cosh(\alpha c\tau) - 1\}\right]$$

ゆえに、
$$(\alpha x + 1)^2 = (\alpha H + 1)^2 \left[1 + \frac{2\alpha H}{(\alpha H + 1)^2} \{\cosh(\alpha c\tau) - 1\}\right]$$

したがって、
$$\alpha x + 1 = (\alpha H + 1)\sqrt{1 + \frac{2\alpha H}{(\alpha H + 1)^2} \{\cosh(\alpha c\tau) - 1\}}$$

右辺のルートの中の第 2 項は、0.9×10^{-14} の大きさなので、ルートの項を次のように近似する。

$$\sqrt{1 + \frac{2\alpha H}{(\alpha H + 1)^2} \{\cosh(\alpha c\tau) - 1\}} \approx 1 + \frac{1}{2} \frac{2\alpha H}{(\alpha H + 1)^2} \{\cosh(\alpha c\tau) - 1\}$$
$$= 1 + \frac{\alpha H}{(\alpha H + 1)^2} \{\cosh(\alpha c\tau) - 1\}$$

これを使って、
$$\alpha x + 1 = (\alpha H + 1)\left[1 + \frac{\alpha H}{(\alpha H + 1)^2} \{\cosh(\alpha c\tau) - 1\}\right]$$
$$= (\alpha H + 1) + \frac{\alpha H}{(\alpha H + 1)} \{\cosh(\alpha c\tau) - 1\}$$

したがって、
$$\alpha x = \alpha H + \frac{\alpha H}{(\alpha H + 1)} \{\cosh(\alpha c\tau) - 1\}$$
$$x = H + \frac{H}{(\alpha H + 1)} \{\cosh(\alpha c\tau) - 1\}$$

$$x = H\left[1 + \frac{\cosh(\alpha c\tau) - 1}{(\alpha H + 1)}\right]$$

ここで、$\alpha H + 1 \approx 1$ と置くと、

$$x = H\left[1 + \cosh(\alpha c\tau) - 1\right]$$

$$x = H\cosh(\alpha c\tau) \tag{36}$$

式 (36) の τ を t で置き換え、また、後端の位置を x_1、先端の位置を x_2 とし、$t=0$ でのそれぞれの初期値を H_1、H_2 とすると、

$$x_1 = H_1 \cosh(\alpha ct)$$

$$x_2 = H_2 \cosh(\alpha ct)$$

これから宇宙船の長さ $x_2 - x_1$ を計算すると、

$$x_2 - x_1 = (H_2 - H_1)\cosh(\alpha ct) \tag{37}$$

式 (37) をローレンツ因子 $\sqrt{1 - (v/c)^2}$ を使って書き換えてみよう。宇宙船の速度 v と、宇宙船内の時間 t との関係は、

$$v/c = \tanh(\alpha ct)$$

となるので、$\sqrt{1 - (v/c)^2}$ を計算すると、

$$\sqrt{1 - (v/c)^2} = \sqrt{1 - \tanh^2(\alpha ct)} = \frac{1}{\cosh(\alpha ct)}$$

この関係式を式 (37) に入れると、

$$x_2 - x_1 = \frac{H_2 - H_1}{\sqrt{1 - (v/c)^2}}$$

これは、これまで述べてきた宇宙船の伸びの式と同じである。

7 宇宙船から見た地球と X 星の間の距離

「5 力学的観点からの考察」で説明したウラシマ効果では、宇宙船から見て、地球と X 星の間の距離は 10 光年ではなく、$\sqrt{1 - (v/c)^2}$ 倍にローレンツ収縮しており、4.36 光年しかない、という話をした。このローレンツ収縮も、宇宙船から見た運動方程式を解くことで求めることができる。今度解くのは、宇宙船から見た地球及び X 星の運動である。解くべき運動方程式は、式 (31) で第一項を 0 と置いたものになる。それはどういうことかというと、慣性系から見れば地球も X 星も何の力も受けていない、ということである。宇宙船から見ると、地球と X 星には慣性力が働いている。それが第二項となる。具体的には下記の運動方程式を解くことになる。

$$\frac{dP^\mu}{d\tau} = -\frac{1}{m}\Gamma^\mu_{\nu\lambda}P^\nu P^\lambda \tag{38}$$

地球の運動方程式も X 星の運動方程式も、同じ式 (38) となる。右辺の m は、地球の運動方程式であれば地球の質量であり、X 星の運動方程式であれば X 星の質量である。ただ、方程式を解くと、解は m に無関係となる。

式 (38) の右辺は、「6.2 宇宙船から見た宇宙船の運動」で出てきたものと同じなので、運動方程式は次のものになる。

$$\frac{dP^0}{d\tau} = -\frac{2}{m}\frac{\alpha}{(\alpha x + 1)}P^0 P^1$$

$$\frac{dP^1}{d\tau} = -\frac{1}{m}\alpha(\alpha x + 1)(P^0)^2$$

これらを解いて P^0、P^1 を求め、そこから x を t の関数として求めると、次のようになる。

$$\alpha x + 1 = \frac{1}{A\cosh(\alpha ct + \delta)} \tag{39}$$

「6.2 宇宙船から見た宇宙船の運動」では、x を τ の関数として求めたが、今回は t の関数として求めている。この t は、宇宙船に固定した加速度系の時間座標のことである。なお、この方程式の解法も、『「双子のパラドクス」の定量計算 総集編』に記載してある。

宇宙船から見た地球の位置を x_1、X 星の位置を x_2 とする。初期条件として、地球も X 星も $t=0$ で静止しているとすれば、$\delta = 0$ である。また、$t=0$ での位置を、$x_1(0)$、$x_2(0)$ とすると、x_1、x_2 は次のようになる。

$$\alpha x_1 + 1 = \frac{\alpha x_1(0) + 1}{\cosh(\alpha ct)}$$

$$\alpha x_2 + 1 = \frac{\alpha x_2(0) + 1}{\cosh(\alpha ct)}$$

地球と X 星との間の距離は $x_2 - x_1$ であるから、上記の式から、

$$x_2 - x_1 = \frac{x_2(0) - x_1(0)}{\cosh(\alpha ct)}$$

ここに出てきた $\cosh(\alpha ct)$ は、先に求めたように、

$$\sqrt{1-(v/c)^2} = \frac{1}{\cosh(\alpha ct)}$$

の関係があるので、結局、$x_2 - x_1$ は、

$$x_2 - x_1 = \{x_2(0) - x_1(0)\}\sqrt{1-(v/c)^2}$$

となる。これは、地球と X 星との間の距離がローレンツ収縮していることを表している。

8 加速度運動する宇宙船のローレンツ収縮のまとめ

　以上をまとめると、次のようになる。加速度運動をしている宇宙船の長さは、宇宙船から見て時間と共に長くなり、その値は、静止時の長さをローレンツ因子で割ったものになる。加速度運動から等速度運動に移った後も、宇宙船の長さは伸びたままである。地球から宇宙船を見ると、ローレンツ収縮をしているため、静止時の長さと同じ長さになる。

　ところで、宇宙船を引き伸ばす力は、実際に働いている力なのであろうか。これについては、慣性力と同じようなものと考えられる。慣性力は、運動方程式のつじつまを合わせるために生じた見かけの力である。これと同様に、宇宙船を引き伸ばす力も座標変換によって生じた力であり、運動方程式のつじつまを合わせるために発生した力だと考えられる。すなわち、宇宙船が伸びるという現象を説明するために必要な力なのである。

　それでは、宇宙船が伸びるのはなぜなのであろうか。それは、座標系自身が伸びているためである。『「双子のパラドクス」の定量計算　総集編』でも示しているが、宇宙船が伸びるという式は、座標変換式からも求めることができる。すなわち、慣性系と加速度系との間の座標変換式を使って、式 (35) を求めることができる。このことから言えるのは、宇宙船が伸びるというのは、力が働いた結果なのではなく、座標変換の結果だ、ということである。

9 回転する円盤の円周のローレンツ収縮について

9.1 円周の長さのローレンツ収縮の式

　前章までは直線上を等加速度運動する宇宙船の長さを考えたが、ここでは、回転する円盤の円周の長さを考えることにしよう。円盤が回転することで、円周の長さがローレンツ収縮するのである。今、半径 r の円盤が一定の角速度 ω で回転しているとする。そうすると、円周上の点は、$v = r\omega$ の速さで動いていることになる。回転運動なので加速度運動であるが、速さは一定である。円盤と共に回転している座標系で測った円周の長さを λ とし、円盤の外に立って円盤を見ている慣性系から見た円周の長さを λ' とする。この λ と λ' の間には、ローレンツ収縮の式が成り立つはずである。すなわち、

$$\lambda' = \lambda\sqrt{1 - \left(\frac{r\omega}{c}\right)^2}$$

　問題は、λ が $2\pi r$ なのか、λ' が $2\pi r$ なのか、どちらが正しいのか、ということである。慣性系から見て円周が短くなると考える立場からすると、

$$\lambda' = 2\pi r\sqrt{1 - \left(\frac{r\omega}{c}\right)^2}$$

となる。逆に、回転座標系での円周が長くなると考える立場からすると、

$$\lambda = \frac{2\pi r}{\sqrt{1 - \left(\frac{r\omega}{c}\right)^2}}$$

であり、慣性系から見ればなにも変わらない。

さて、どちらが正しいのであろうか。前章までの考察から、回転座標系での円周の長さが長くなると考えられる。回転座標系では、そうなるようなことが起こってもおかしくないと思わせるような力が働くのである。ここで少し、回転する円盤上の世界がどのようなものかをみてみよう。

9.2 回転する円盤上の世界

ここで考えようとしている回転する円盤上の世界とは、円盤の上に街が乗っている世界だと思って頂きたい。そういう大きな円盤を考えるのである。その街に自分が住んでいるとして、そこではどんなことが起こるか考えてみよう。大事なことは、回転する円盤の上に自分がいる、ということである。決して円盤の外から街を見ているのではない。自分も円盤と共に回転しているのである。

もし円盤上を歩き回るとしたら、非常に困ることになるだろう。なぜなら、まっすぐに歩くことができないからである。なぜまっすぐに歩けないのか。それは、何か訳の分からない力が働いているからである。

物理をかじったことがある人なら、私が何を言おうとしているのかすぐ分かるだろう。回転する円盤上では、慣性力と呼ばれる力が働くのである。慣性力は、円盤の外にいる人には存在しない力であるが、円盤と共に回転する人にとっては、確かに存在しているように感じる力である。それゆえ、慣性力は見かけの力と言われる。

慣性力は、加速や減速する自動車に乗っている時に実感することができる。例えば、急ブレーキを掛けた時、車に乗っている人は前につんのめるだろう。この現象を、勢い余って前につんのめったと考える人がいるかもしれないし、別の人は、車の前方から急に引っ張られたと考えるかもしれない。勢い余ってつんのめったと考えた場合、自分が慣性の法則に従って前に行っただけと考えたことになる。これはこれで正しい考え方である。そして、車の前方から急に引っ張られたという考え方も間違いではない。そのように考えたとしても、物理的に意味のある運動として考えることができるからである。すなわち、自動車と共に動く座標系の中で運動方程式を立てて運動を解くことが可能なのである。慣性力は見かけの力であるが、運動方程式を座標変換することで、自然に方程式の中に現れる。そこでは、慣性力は確かに存在する力と考えてもおかしくないのである。

慣性力の他の例も見てみよう。慣性力と言われる力の中でも、遠心力は特に有名である。有名すぎて、遠心力が実在する力であると誤解している人も多いと思う。例えば、地球が太陽の周りを回っていられるのは（地球が太陽に落ちて行ったり、太陽から離れて宇宙の彼方に行ったりしないのは）、引力と遠心力が釣り合っているからだと考えている人はいないだろうか。これは、回転座標系で考えれば間違いではない。しかし、普通はこのような回転座標系を考えたりはしない。地球は太陽に引っ張られて、常に太陽に落ち込んでいるのである。しかし、横方向にも動いているために、太陽に落ちないでいるだけである。働いている力は、太陽と地球の間の引力のみであり、遠心力は実在の力ではない。

回転する円盤に乗ると（そういうことはめったにないであろうが）、遠心力を感じるこ

とができる。円盤の上に座っているだけで、円盤の外側へ押し出されるように感じる。さらに、円盤上を動き回ると別の力が働く。この力は、動かなければ働かない。その力はコリオリの力と呼ばれている。例えば、反時計回りに回っている円盤上を、中心に向かって歩いていこうとすると右側に引っ張られる。外側へ向かって歩いて行っても、右側に引っ張られる。円盤の回転方向に歩いていくと外側へ引っ張られ、逆の方向に歩くと中心に引っ張られる。この力は、地球規模で動くものに対しては、その効果が明確に表れる。よく知られているのは、台風の回転の向きがコリオリの力によって決められるというものである。

さて、次に、円盤の上に静止した物体を吊り下げて、それが円盤上からどう見えるのかを考えてみよう。例えば、円盤の外に支柱を立てて、そこから円盤の上にアームを伸ばし、アームの先端からひもでボールを吊り下げるのである。アームを伸ばしている長さは、円盤の中心からは離れているとする。ボールは円盤には触れていないので、円盤の回転とは無関係に空間の1点にとどまっている。これを円盤上から見ると、ボールが円を描いて回っているように見える。ここまでは容易に想像できるだろう。次からが問題である。回転する円盤上から見ると、このボールにも遠心力が働いているのである。だが、遠心力が働いているとすると、ボールは円盤の外に向かって引っ張られるはずである。しかし、ボールの中心からの距離は変わらない。これは力が働いていないことを示している。どういうことか。それは、コリオリの力が遠心力を打ち消しているのである。

このように、自分がいる座標系が慣性系か加速度系かで、見え方が違ってくる。慣性力を考えることで、それぞれの座標系で、物理法則に従った運動をしていると理解されるのである。さて、これまで慣性力について説明してきたが、慣性力は回転する円盤の円周の長さの話とは直接の関係はない。回転座標系では、我々が見ている世界とは違って見えるということの例として、慣性力を説明してきたのである。ただし、もう少し突っ込んだ話をすれば、関係性が出てくる。アインシュタインによれば、時空間の歪みは重力と深くかかわっている。そして、慣性力と重力は本質的に同じであると考える。ということは、慣性力によって時空間が歪み、円周の長さが変わってくると考えることができるのである。

9.3 回転する円盤の円周の長さ

ここでは、一般相対性理論の考え方を使って、回転する円盤の円周の長さを計算してみよう。答えを先に言ってしまうと、円周の長さは伸びる。これを確認するためには、回転する座標系での幾何学を考える必要がある。まず必要なのは、回転する座標系での計量テンソルである。計量テンソルとは、考えている座標系での「距離」を定めるものである。計量テンソルが分かれば、円盤の円周の長さを求めることができる。求め方は次のとおりである。まず、慣性系と回転座標系の間の座標変換式を決める。座標変換式からテンソルの変換式を求める。これを使って慣性系での計量テンソルから回転座標系の計量テンソルを求める。具体的に見て行こう。

初めに、慣性系と回転座標系の間の座標変換式を決める。回転座標系の回転中心を互いの座標原点とする。慣性系の座標は直交座標系 (X, Y, Z, X^0) とし、回転座標系は Z 軸の

周りを回転するものとする。回転座標系の座標は極座標系を使って (r, θ, z, x^0) と表す。ここで、$X^0 = cT$、$x^0 = ct$ であり、c は光速度である。T は通常の時間のことであるが、空間座標とディメンジョンを合わせるために光速度 c を掛けている。

さて、回転の角速度を $\omega(\text{rad/s})$ とすると、座標変換式は、

$$\begin{cases} X = r\cos(\theta + (\omega/c)x^0) \\ Y = r\sin(\theta + (\omega/c)x^0) \\ Z = z \\ X^0 = x^0 \end{cases} \tag{40}$$

となる。

慣性系での計量テンソルを $\eta_{\mu\nu}$、回転座標系での計量テンソルを $g_{\mu\nu}$ とおくと、$g_{\mu\nu}$ は

$$g_{\mu\nu} = \frac{\partial X^\lambda}{\partial x^\mu}\frac{\partial X^\rho}{\partial x^\nu}\eta_{\lambda\rho} \tag{41}$$

と変換される。ここで $\eta_{\mu\nu}$ は次のものである。

$$\eta_{\mu\nu} = \begin{pmatrix} 1 & & & \\ & -1 & & \\ & & -1 & \\ & & & -1 \end{pmatrix} \tag{42}$$

値を書いていない成分は全て 0 である(「6.1 地球から見た宇宙船の運動」で使った $\overline{g}_{\mu\nu}$ と同じものであるが、ここでは $\eta_{\mu\nu}$ で表わす)。

X^λ は X, Y, Z, X^0 のいずれかを表わしており、x^μ は r, θ, z, x^0 のいずれかを表している。

以上から $g_{\mu\nu}$ が求められるのであるが、0 でない値のみ、以下に示しておこう。

$$\begin{aligned} g_{00} &= \frac{\partial X^0}{\partial x^0}\frac{\partial X^0}{\partial x^0}\eta_{00} + \frac{\partial X}{\partial x^0}\frac{\partial X}{\partial x^0}\eta_{11} + \frac{\partial Y}{\partial x^0}\frac{\partial Y}{\partial x^0}\eta_{22} + \frac{\partial Z}{\partial x^0}\frac{\partial Z}{\partial x^0}\eta_{33} \\ &= 1 + (-(\omega/c)r)^2\sin^2(\theta + (\omega/c)x^0)(-1) \\ &\quad + ((\omega/c)r)^2\cos^2(\theta + (\omega/c)x^0)(-1) + 0 \\ &= 1 - ((\omega/c)r)^2 \\ g_{02} &= \frac{\partial X^0}{\partial x^0}\frac{\partial X^0}{\partial \theta}\eta_{00} + \frac{\partial X}{\partial x^0}\frac{\partial X}{\partial \theta}\eta_{11} + \frac{\partial Y}{\partial x^0}\frac{\partial Y}{\partial \theta}\eta_{22} + \frac{\partial Z}{\partial x^0}\frac{\partial Z}{\partial \theta}\eta_{33} \\ &= 0 + (-(\omega/c)r)\sin(\theta + (\omega/c)x^0)(-r)\sin(\theta + (\omega/c)x^0)(-1) \\ &\quad + (\omega/c)r\cos(\theta + (\omega/c)x^0)r\cos(\theta + (\omega/c)x^0)(-1) + 0 \\ &= -(\omega/c)r^2 \\ g_{11} &= -1 \end{aligned}$$

$$g_{22} = -r^2$$
$$g_{33} = -1$$

さて、この計量テンソルを使って、円盤上で測った円盤の円周の長さを計算するのであるが、ここで少し注意しなければならない点がある。それは、この計量テンソルが対角型ではない、ということである。具体的には、g_{02} が 0 ではない値を持つ。計量テンソルの g_{0i} が 0 でない場合は、計量テンソルの空間成分 g_{ij} だけでは長さを求めることはできない。

回転座標系での空間の長さを σ とすると、微小な長さ $d\sigma$ は、
$$d\sigma^2 = \gamma_{ij} dx^i dx^j$$
と書けて、この γ_{ij} と $g_{\mu\nu}$ は次の関係にある（この式の求め方は付録に示す）。
$$\gamma_{ij} = -g_{ij} + \frac{g_{0i}g_{0j}}{g_{00}}$$
今回の場合、γ_{ij} は具体的には以下となる。
$$\gamma_{11} = 1$$
$$\gamma_{22} = -g_{22} + \frac{g_{02}g_{02}}{g_{00}} = r^2 + \frac{(-(\omega/c)r^2)^2}{1-((\omega/c)r)^2} = \frac{r^2}{1-((\omega/c)r)^2}$$
$$\gamma_{33} = 1$$
これらを使うと、$d\sigma$ は
$$d\sigma^2 = (dr)^2 + \frac{r^2}{1-((\omega/c)r)^2}(d\theta)^2 + (dz)^2$$
円周の長さを求めるということは、$dr = 0$、$dz = 0$ とすることなので
$$d\sigma^2 = \frac{r^2(d\theta)^2}{1-((\omega/c)r)^2}$$
したがって、
$$d\sigma = \frac{rd\theta}{\sqrt{1-((\omega/c)r)^2}}$$
これを全周にわたって積分すれば円周の長さになるのだから、円周の長さは、
$$\sigma = \frac{2\pi r}{\sqrt{1-((\omega/c)r)^2}} \tag{43}$$
となる。これは、通常の円周の長さの $2\pi r$ よりも大きい値となる。

以上計算してきたように、回転する円盤の円周の長さは、回転座標系から見ると長くなっている。式 (43) は、ローレンツ変換式を使わずに求まった式である。それにもかかわらず、ローレンツ変換式から求められる式と一致するということは、相対性理論が首尾一貫した理論であることを示しているように思われる（式 (43) は、計量テンソルとして式 (42) を使っていることが相対性理論につながっている）。

9.4　歪んだ時空間の幾何学

　最後になるが、円周の長さが $2\pi r$ よりも長くなるとはどういうことなのか、簡単に説明しよう。円とは、ある点（中心点）から一定の距離にある点の集合である。平面上に描かれた円ならば、円周の長さは $2\pi r$ である。今、球の表面に円を描くことを考える。例えば、北極点を中心として、地球上に円を描くことを考える。北極点から一定の距離にある点の集合を考えるのである。北極点から日本に向かって 5,000km 南に行くと、北海道の北の端あたり、幌延町に行きつく。逆に日本の反対側に行くと、北アメリカ大陸の五大湖のあたりが 5,000km のところになる。これらの場所は北緯 45 度の地点である。北極点を中心に半径 5,000km の円を描くということは、北緯 45 度のところに線を引くということである。ではその円周の長さはいくらであろうか。単純に、地球を一周 40,000km の球として考えれば、そう難しい計算ではない。そうすると、円周の長さは 28,284km となる。平面上に直径 10,000km の円を描いた場合の円周の長さは、$\pi \times 10{,}000\text{km} = 31{,}416\text{km}$ となるから、球面上に描いた円の円周の長さは $2\pi r$ よりも短くなる。

　以上の話は、なんか、誤魔化されているように思えるかもしれない。そもそも、球の表面に円を描いたとして、その円の直径は球の表面に沿って測るのが正しいのだろうか。そんな風に思えるかもしれない。しかしこれは数学的にまじめな話である。いわゆる、歪んだ平面上の幾何学を考えているのである。球は3次元だが、球の表面は2次元、つまり平面である。平面が歪んでいるのだ。歪んだ平面上での図形を考えることは、より広い観点から図形を考えることになる。歪んだ平面上の図形は、歪んでいない平面上の図形と異なる性質を持つ。よく知られている例では、球の表面に三角形を描くと、その三角形の内角の和は360度より大きくなる。また、平行線は1本も引けないという話も有名である。

　回転する円盤の円周の長さは $2\pi r$ よりも長くなるので、球の表面とは違う歪みになっている。回転する円盤上の世界は、球面上とはまた違う歪んだ時空間になっているのである。

付録◆計量テンソルが対角型でない場合の長さの求め方

　考えている座標系で測った空間の長さを σ とすると、微小な長さ $d\sigma$ は、

$$d\sigma^2 = \gamma_{ij} dx^i dx^j$$

ここで γ_{ij} は

$$\gamma_{ij} = -g_{ij} + \frac{g_{0i} g_{0j}}{g_{00}}$$

上記となることを以下に示す。

　長さを測ろうとしている座標系を x 系 (x^1, x^2, x^3, x^0) とする。長さを測ろうとしている点に対し、瞬間的に静止している慣性系を考える（瞬間静止系）。瞬間静止系は直交座標系で X 系 (X, Y, Z, X^0) とする。x 系での微小な長さ $d\sigma$ は、X 系で測っても $d\sigma$ であ

る。そこで、X系で測った$d\sigma$をx系で書き換える。
$$d\sigma^2 = (dX)^2 + (dY)^2 + (dZ)^2 \tag{A-1}$$
これをx系で書き換えると、
$$\begin{aligned}
d\sigma^2 &= \frac{\partial X}{\partial x^\mu}\frac{\partial X}{\partial x^\nu}dx^\mu dx^\nu + \frac{\partial Y}{\partial x^\mu}\frac{\partial Y}{\partial x^\nu}dx^\mu dx^\nu + \frac{\partial Z}{\partial x^\mu}\frac{\partial Z}{\partial x^\nu}dx^\mu dx^\nu \\
&= \left(\frac{\partial X}{\partial x^\mu}\frac{\partial X}{\partial x^\nu} + \frac{\partial Y}{\partial x^\mu}\frac{\partial Y}{\partial x^\nu} + \frac{\partial Z}{\partial x^\mu}\frac{\partial Z}{\partial x^\nu}\right)dx^\mu dx^\nu \\
&= \left\{\left(\frac{\partial X}{\partial x^0}\right)^2 + \left(\frac{\partial Y}{\partial x^0}\right)^2 + \left(\frac{\partial Z}{\partial x^0}\right)^2\right\}(dx^0)^2 \\
&\quad + 2\left(\frac{\partial X}{\partial x^0}\frac{\partial X}{\partial x^i} + \frac{\partial Y}{\partial x^0}\frac{\partial Y}{\partial x^i} + \frac{\partial Z}{\partial x^0}\frac{\partial Z}{\partial x^i}\right)dx^0 dx^i \\
&\quad + \left(\frac{\partial X}{\partial x^i}\frac{\partial X}{\partial x^j} + \frac{\partial Y}{\partial x^i}\frac{\partial Y}{\partial x^j} + \frac{\partial Z}{\partial x^i}\frac{\partial Z}{\partial x^j}\right)dx^i dx^j
\end{aligned} \tag{A-2}$$
一方、計量テンソル$g_{\mu\nu}$の変換式から、
$$\begin{aligned}
g_{\mu\nu} &= \frac{\partial X^\rho}{\partial x^\mu}\frac{\partial X^\lambda}{\partial x^\nu}\eta_{\rho\lambda} \\
&= \frac{\partial X^0}{\partial x^\mu}\frac{\partial X^0}{\partial x^\nu}\eta_{00} + \frac{\partial X}{\partial x^\mu}\frac{\partial X}{\partial x^\nu}\eta_{11} + \frac{\partial Y}{\partial x^\mu}\frac{\partial Y}{\partial x^\nu}\eta_{22} + \frac{\partial Z}{\partial x^\mu}\frac{\partial Z}{\partial x^\nu}\eta_{33} \\
&= \frac{\partial X^0}{\partial x^\mu}\frac{\partial X^0}{\partial x^\nu} - \frac{\partial X}{\partial x^\mu}\frac{\partial X}{\partial x^\nu} - \frac{\partial Y}{\partial x^\mu}\frac{\partial Y}{\partial x^\nu} - \frac{\partial Z}{\partial x^\mu}\frac{\partial Z}{\partial x^\nu}
\end{aligned}$$
が成り立つので、
$$g_{00} = \left(\frac{\partial X^0}{\partial x^0}\right)^2 - \left(\frac{\partial X}{\partial x^0}\right)^2 - \left(\frac{\partial Y}{\partial x^0}\right)^2 - \left(\frac{\partial Z}{\partial x^0}\right)^2 \tag{A-3}$$
$$g_{0i} = \frac{\partial X^0}{\partial x^0}\frac{\partial X^0}{\partial x^i} - \frac{\partial X}{\partial x^0}\frac{\partial X}{\partial x^i} - \frac{\partial Y}{\partial x^0}\frac{\partial Y}{\partial x^i} - \frac{\partial Z}{\partial x^0}\frac{\partial Z}{\partial x^i} \tag{A-4}$$
$$g_{ij} = \frac{\partial X^0}{\partial x^i}\frac{\partial X^0}{\partial x^j} - \frac{\partial X}{\partial x^i}\frac{\partial X}{\partial x^j} - \frac{\partial Y}{\partial x^i}\frac{\partial Y}{\partial x^j} - \frac{\partial Z}{\partial x^i}\frac{\partial Z}{\partial x^j} \tag{A-5}$$
となる。

ところで、X系はx系に対して静止しているので、X系の点はx系から見て静止している。すなわち、
$$\frac{\partial X}{\partial x^0} = \frac{\partial Y}{\partial x^0} = \frac{\partial Z}{\partial x^0} = 0$$
が成り立っている。したがって、(A-3)、(A-4)は、
$$g_{00} = \left(\frac{\partial X^0}{\partial x^0}\right)^2$$

$$g_{0i} = \frac{\partial X^0}{\partial x^0}\frac{\partial X^0}{\partial x^i}$$

となる。

これらから、

$$\frac{\partial X^0}{\partial x^0} = \sqrt{g_{00}}$$

$$\frac{\partial X^0}{\partial x^i} = \frac{g_{0i}}{\sqrt{g_{00}}}$$

上記を使うと (A-5) は、

$$\frac{\partial X}{\partial x^i}\frac{\partial X}{\partial x^j} + \frac{\partial Y}{\partial x^i}\frac{\partial Y}{\partial x^j} + \frac{\partial Z}{\partial x^i}\frac{\partial Z}{\partial x^j} = \frac{g_{0i}g_{0j}}{g_{00}} - g_{ij}$$

となる。以上から式 (A-2) は、

$$d\sigma^2 = \left(\frac{g_{0i}g_{0j}}{g_{00}} - g_{ij}\right)dx^i dx^j$$

となる。

ローレンツ収縮についての考察

2015 年 3 月 28 日 初版 発行
2022 年 8 月 13 日 プラス α 版 発行

著　者　嵐田 源二　（あらしだ げんじ）
発行者　星野 香奈　（ほしの かな）
発行所　同人集合 暗黒通信団　(https://ankokudan.org/d/)
　　　　〒277-8691 千葉県柏局私書箱 54 号 D 係
本　体　200 円 / ISBN978-4-87310-005-0 C0042

乱筆・乱文・トンデモに対するコメントは、在庫がなくなり次第、対処いたします。

© Copyright 2015–2022 暗黒通信団　　Printed in Japan